AF379549

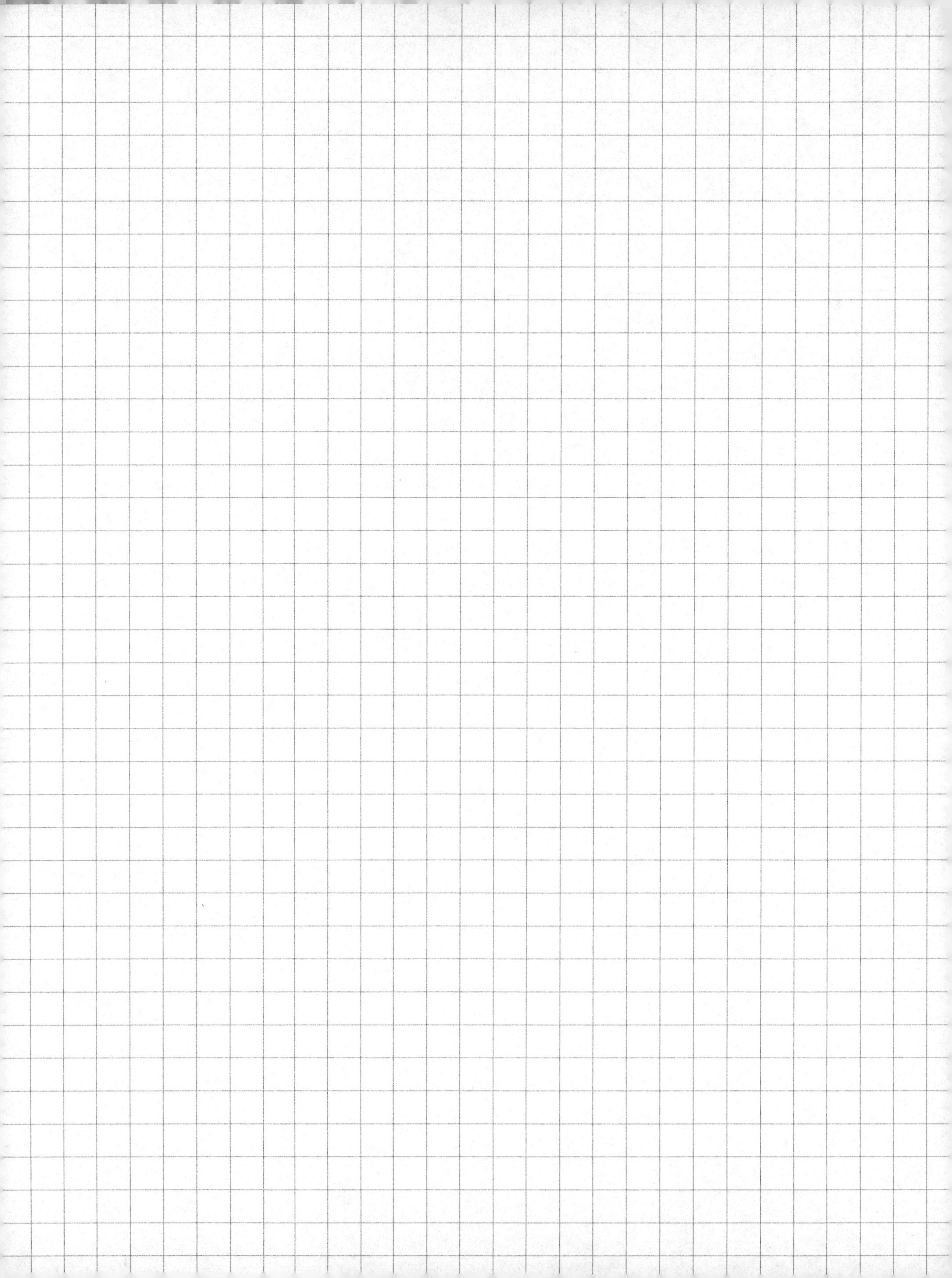

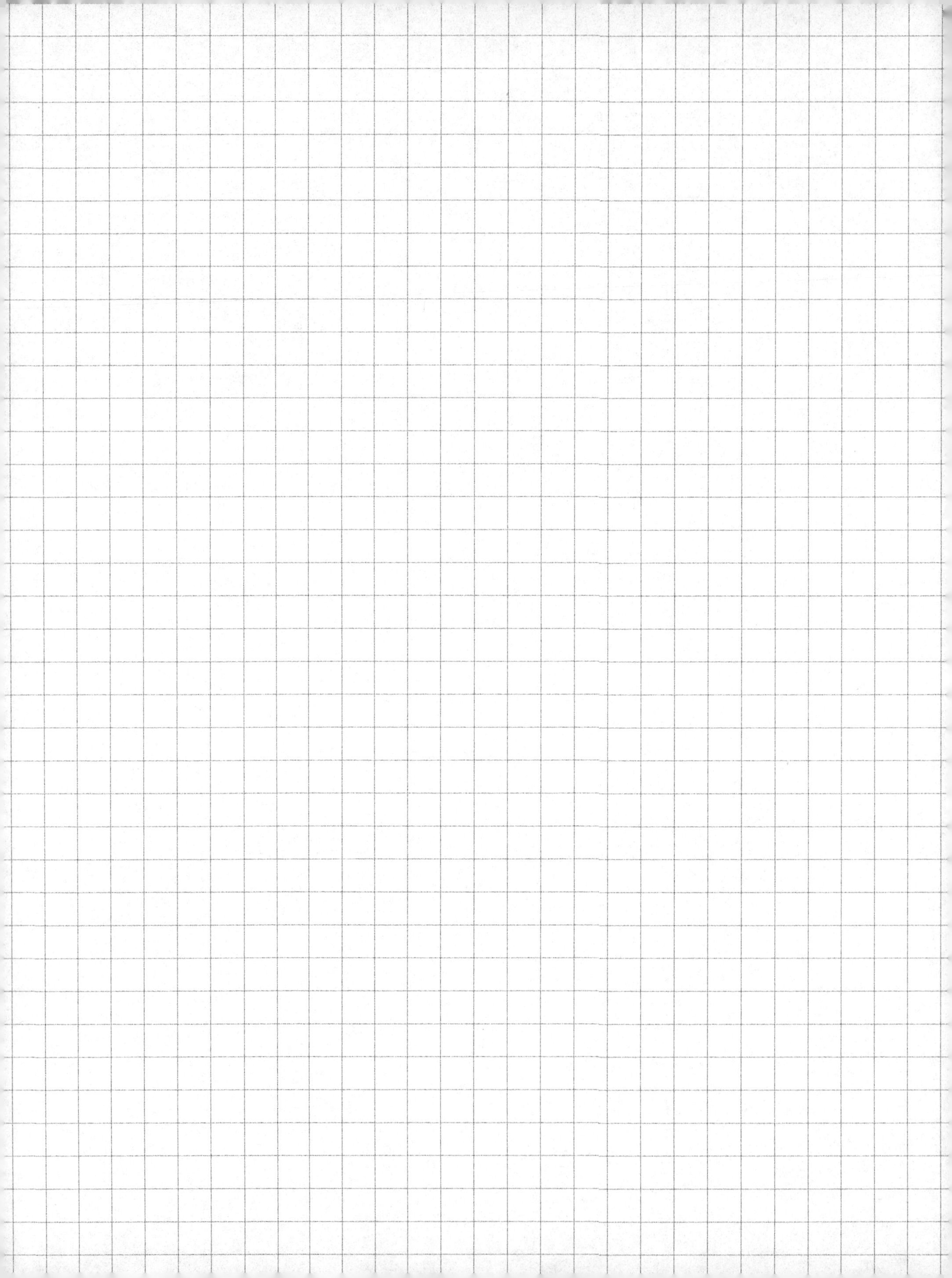

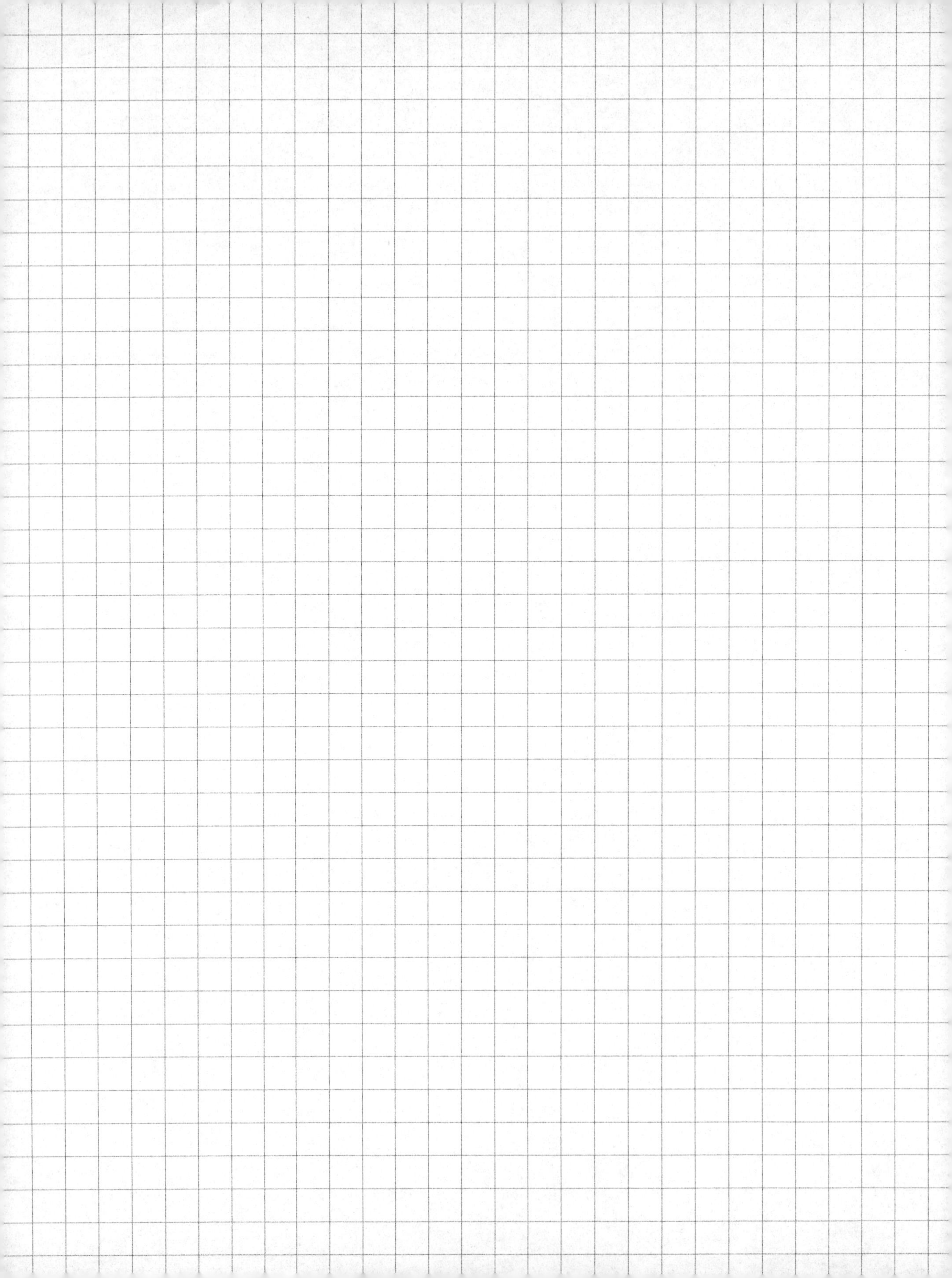

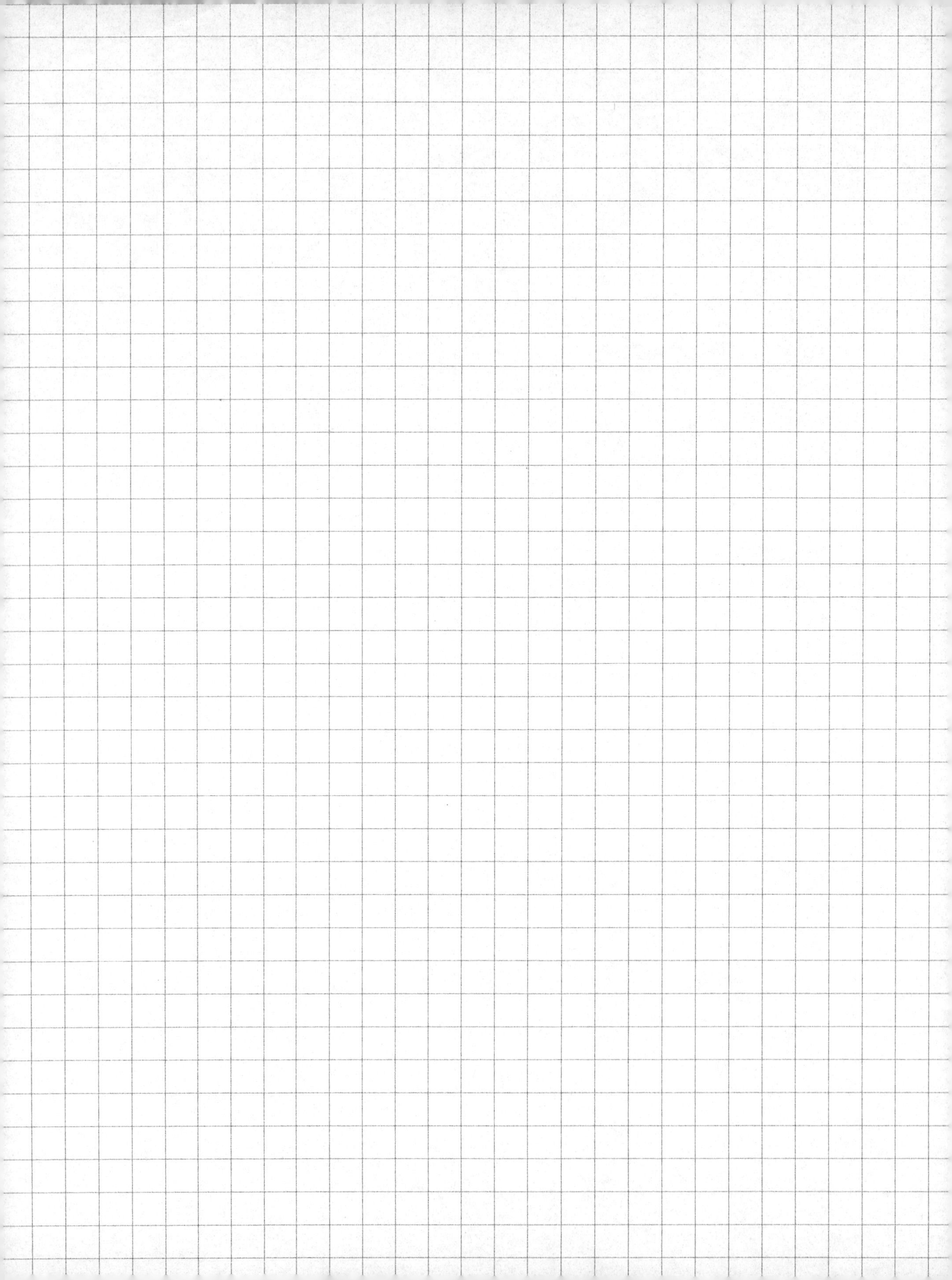

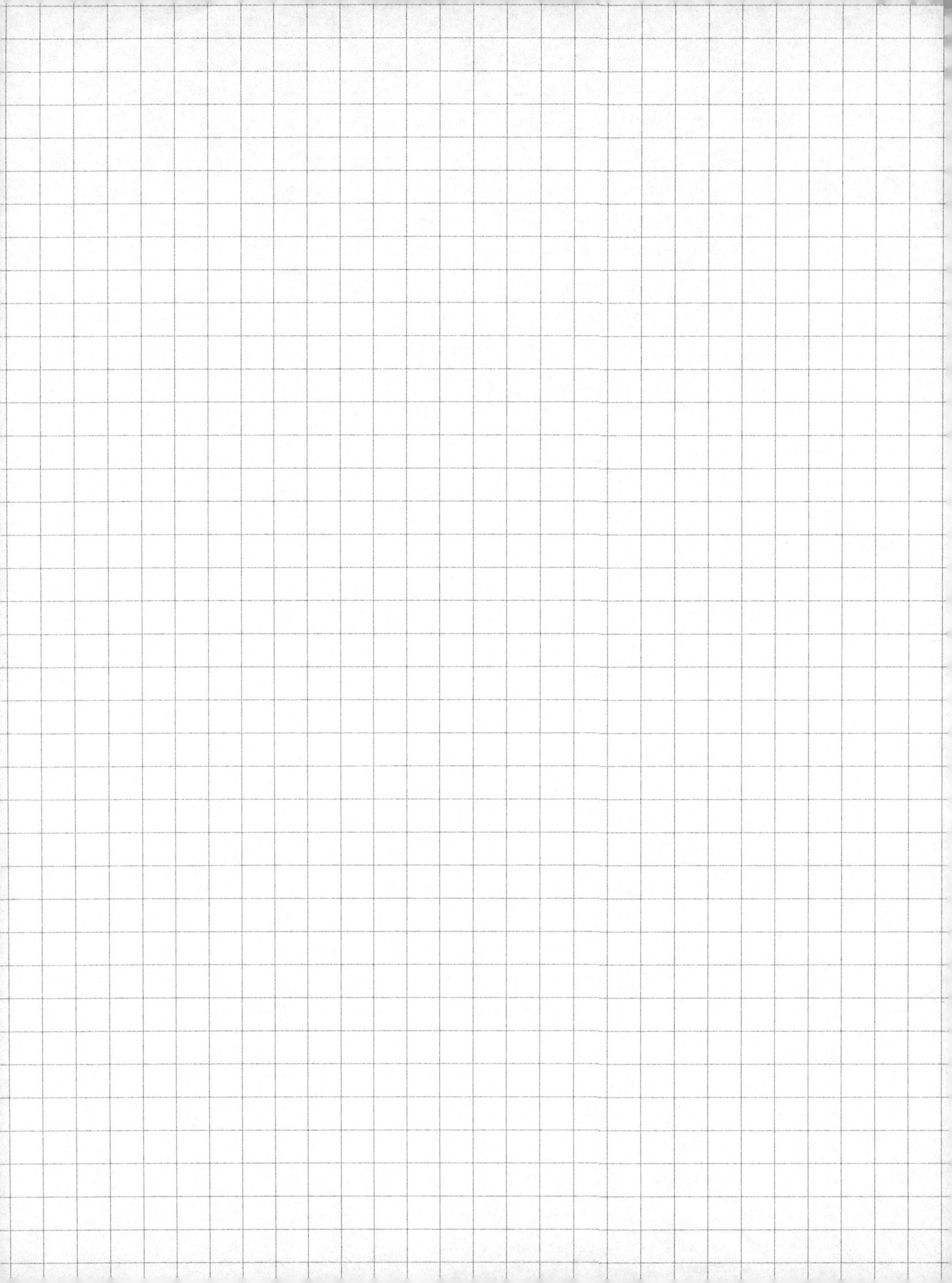

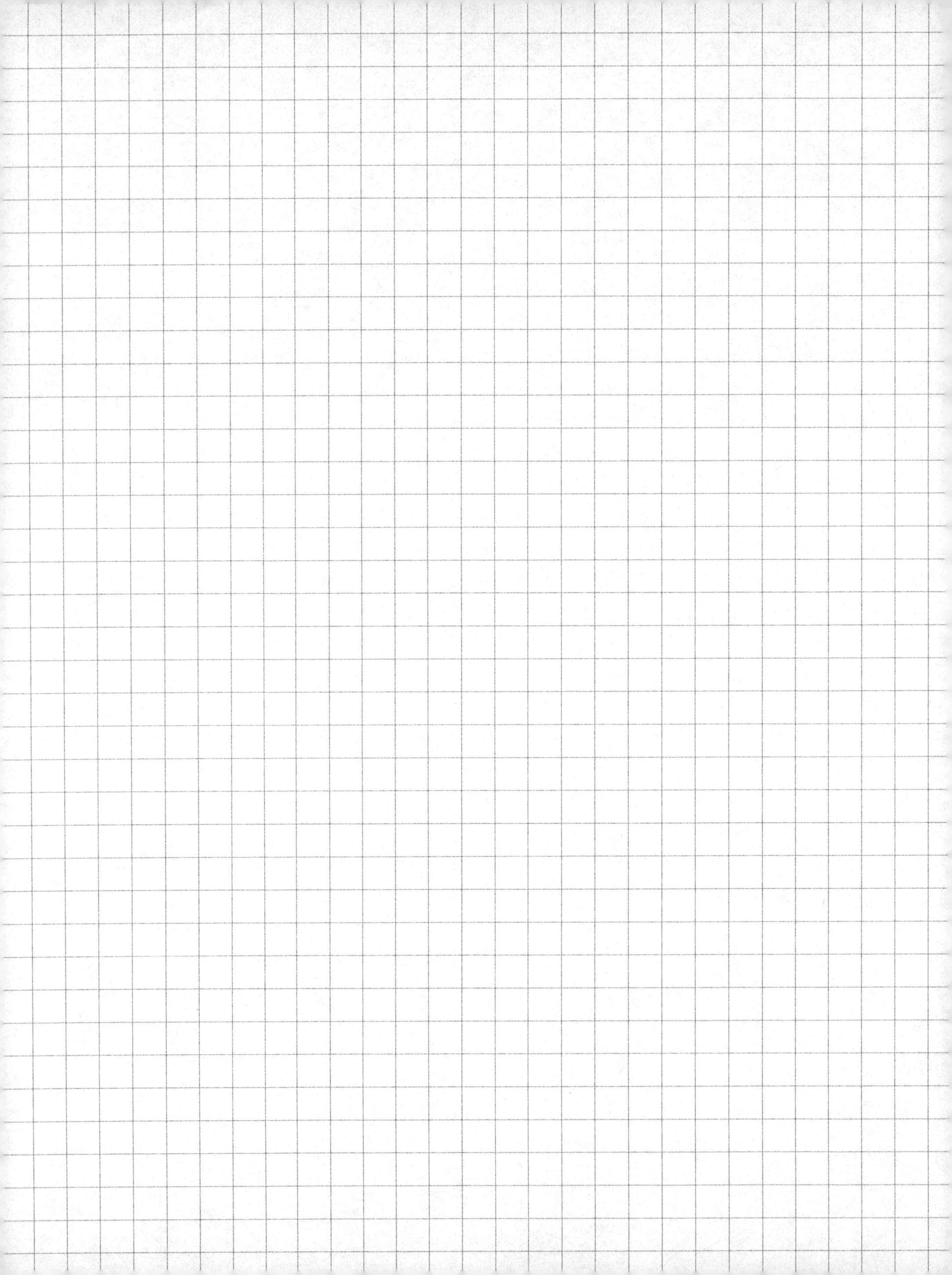

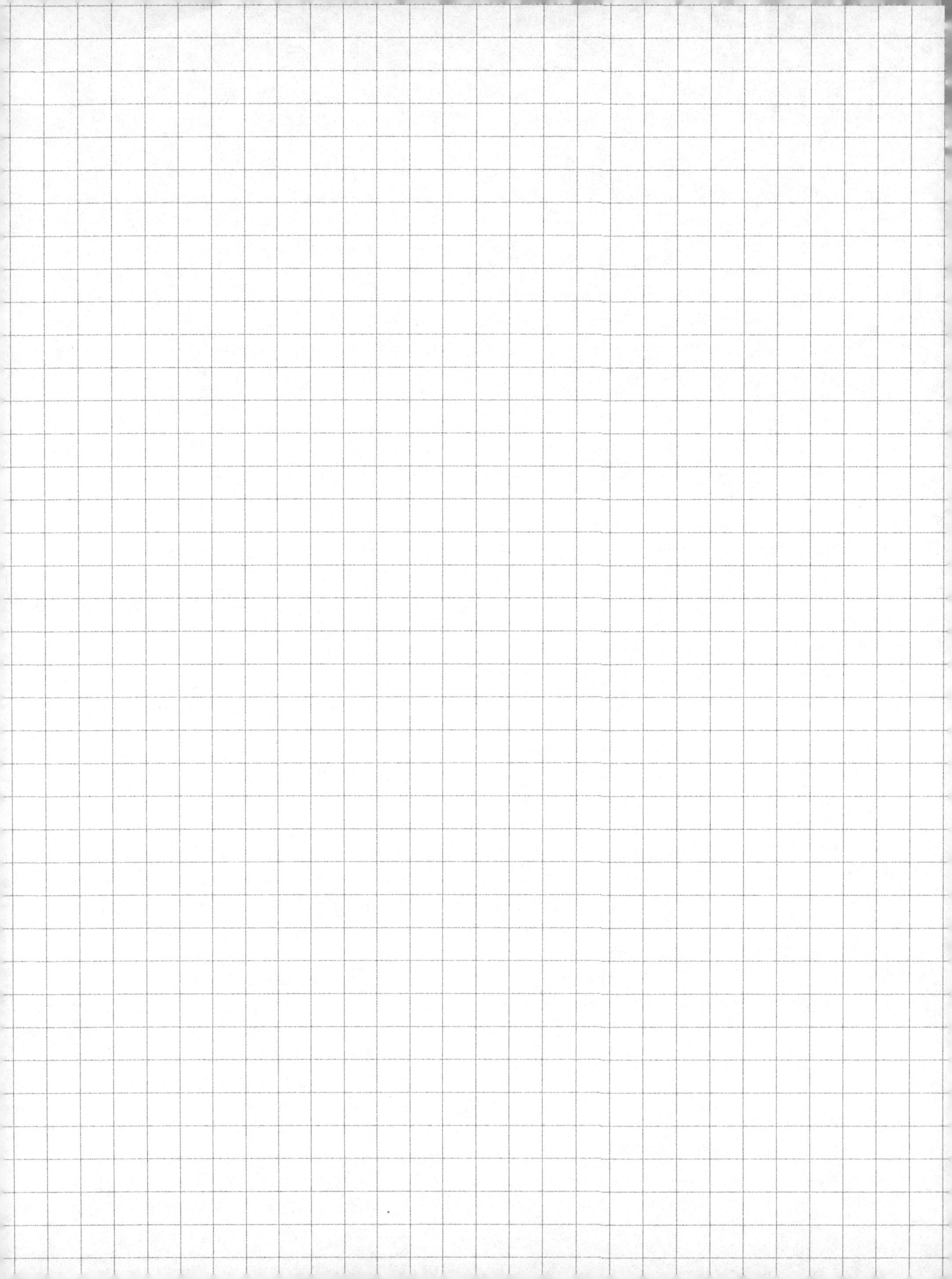

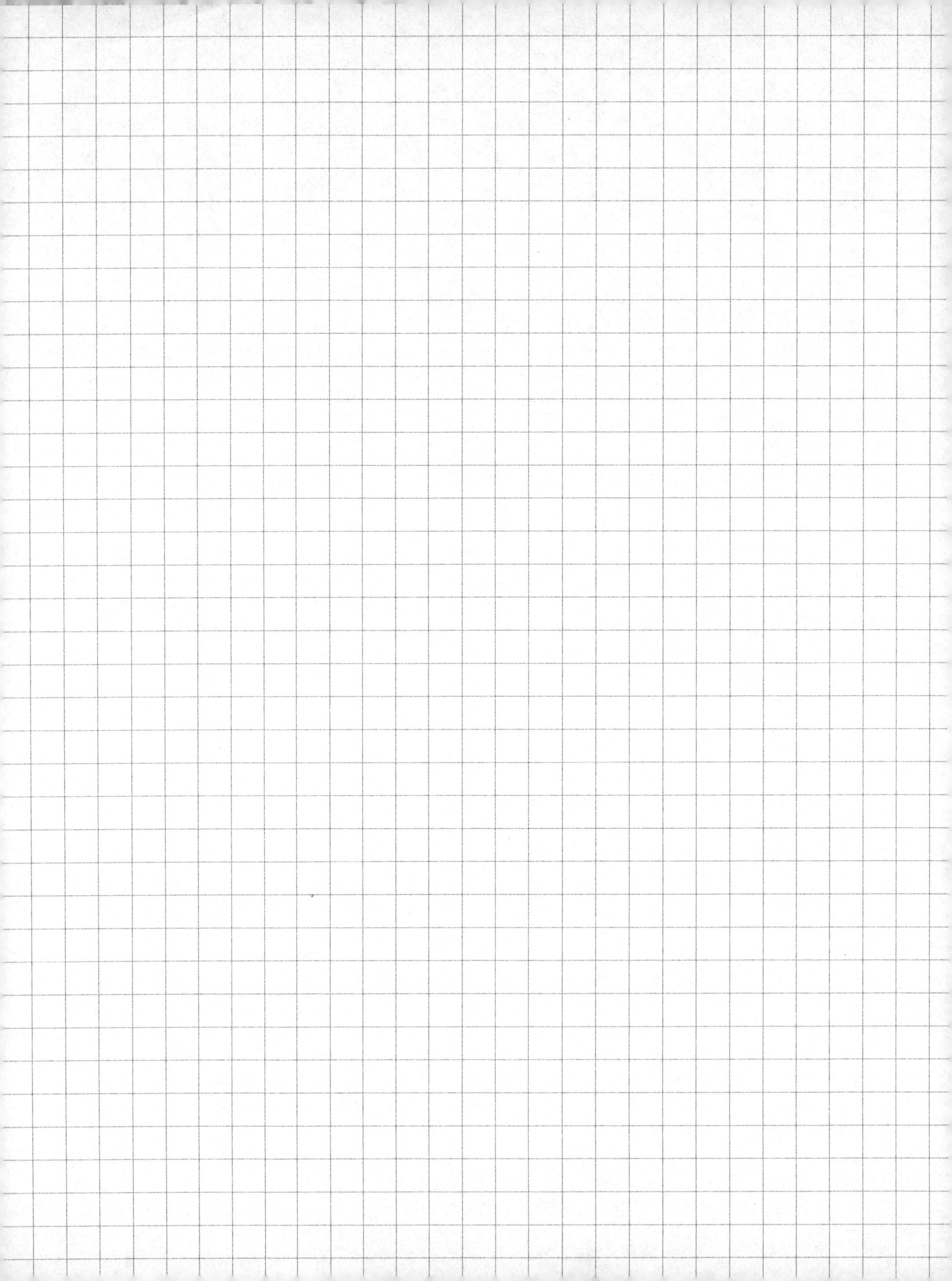

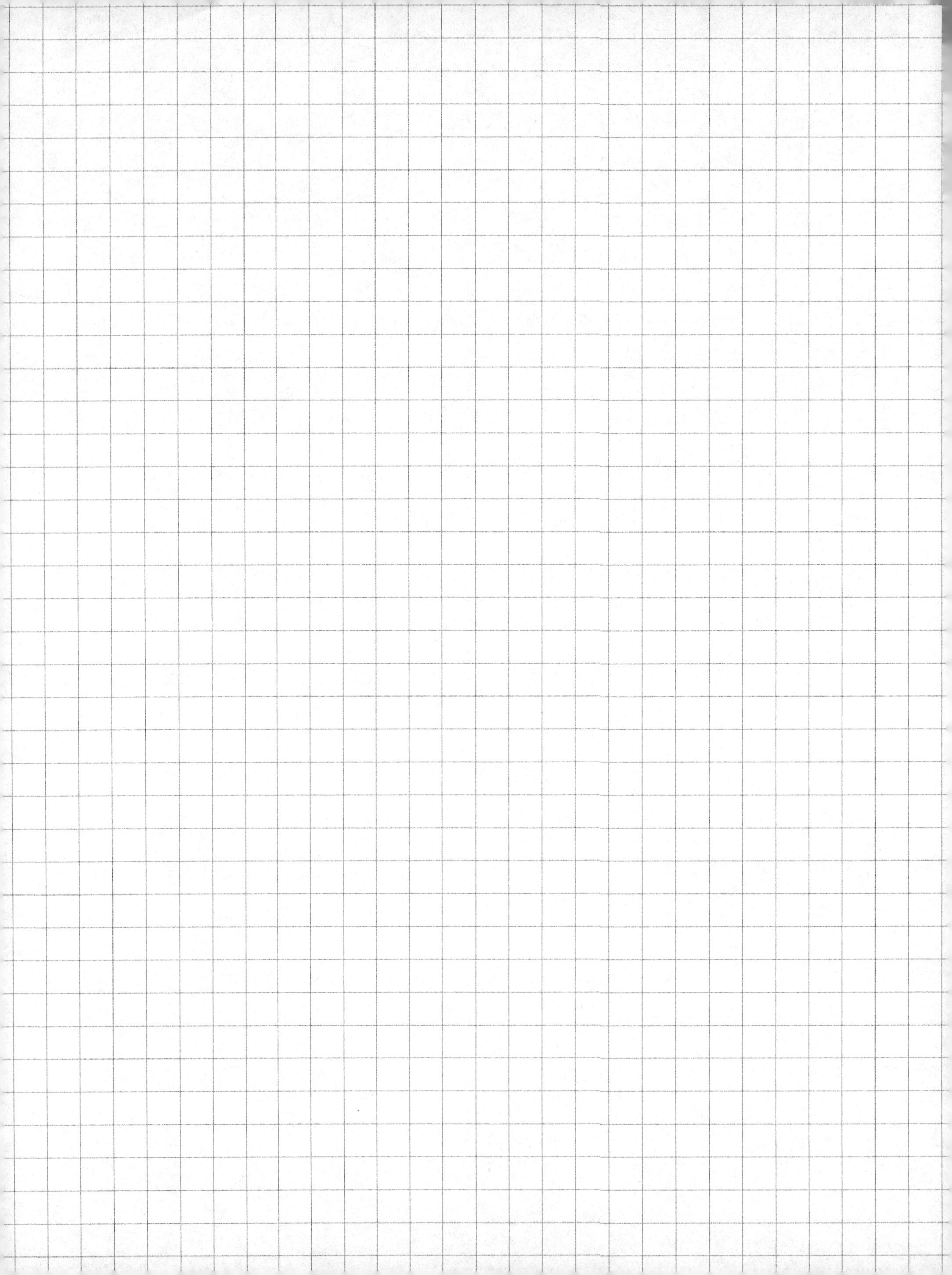

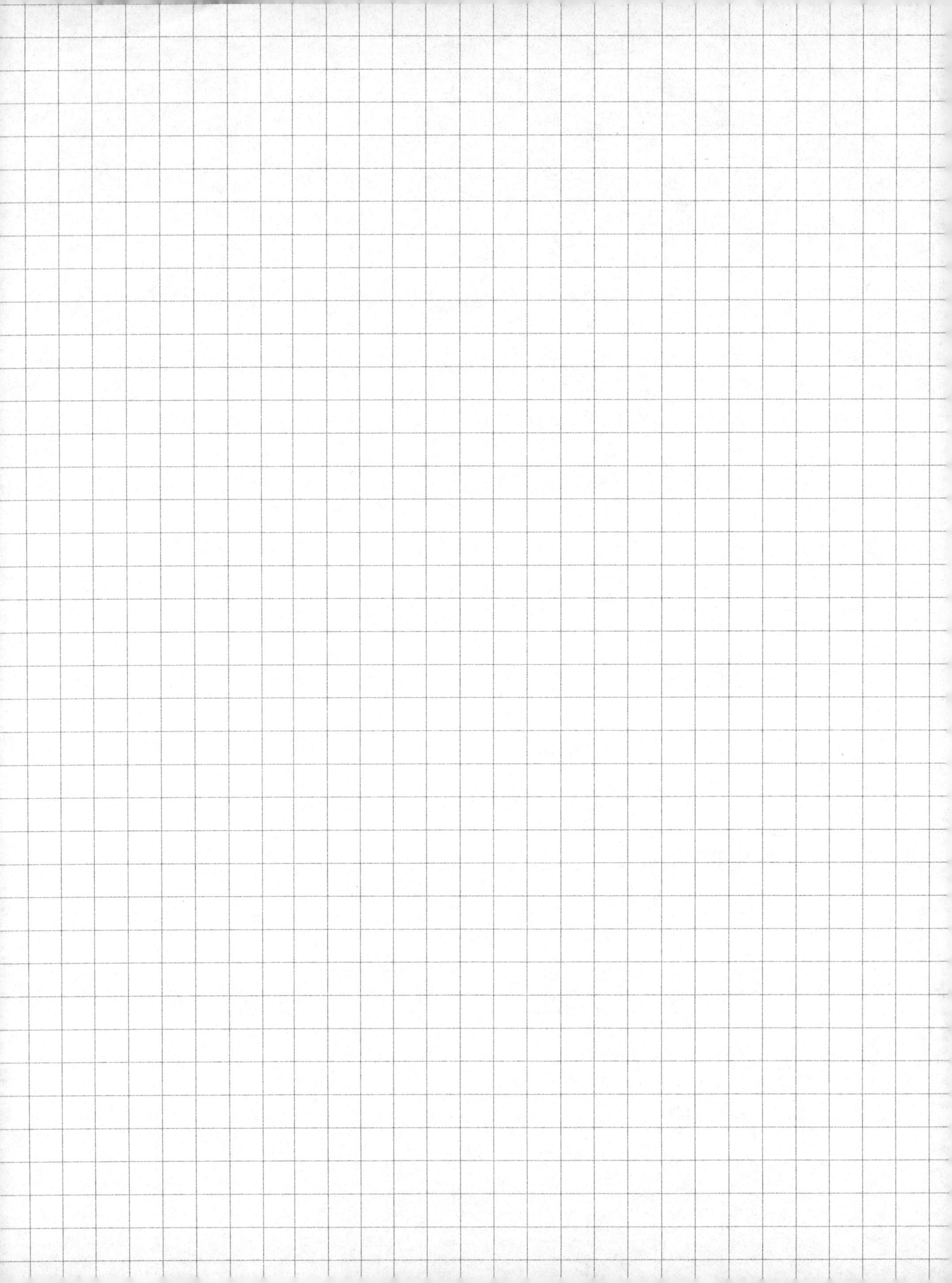

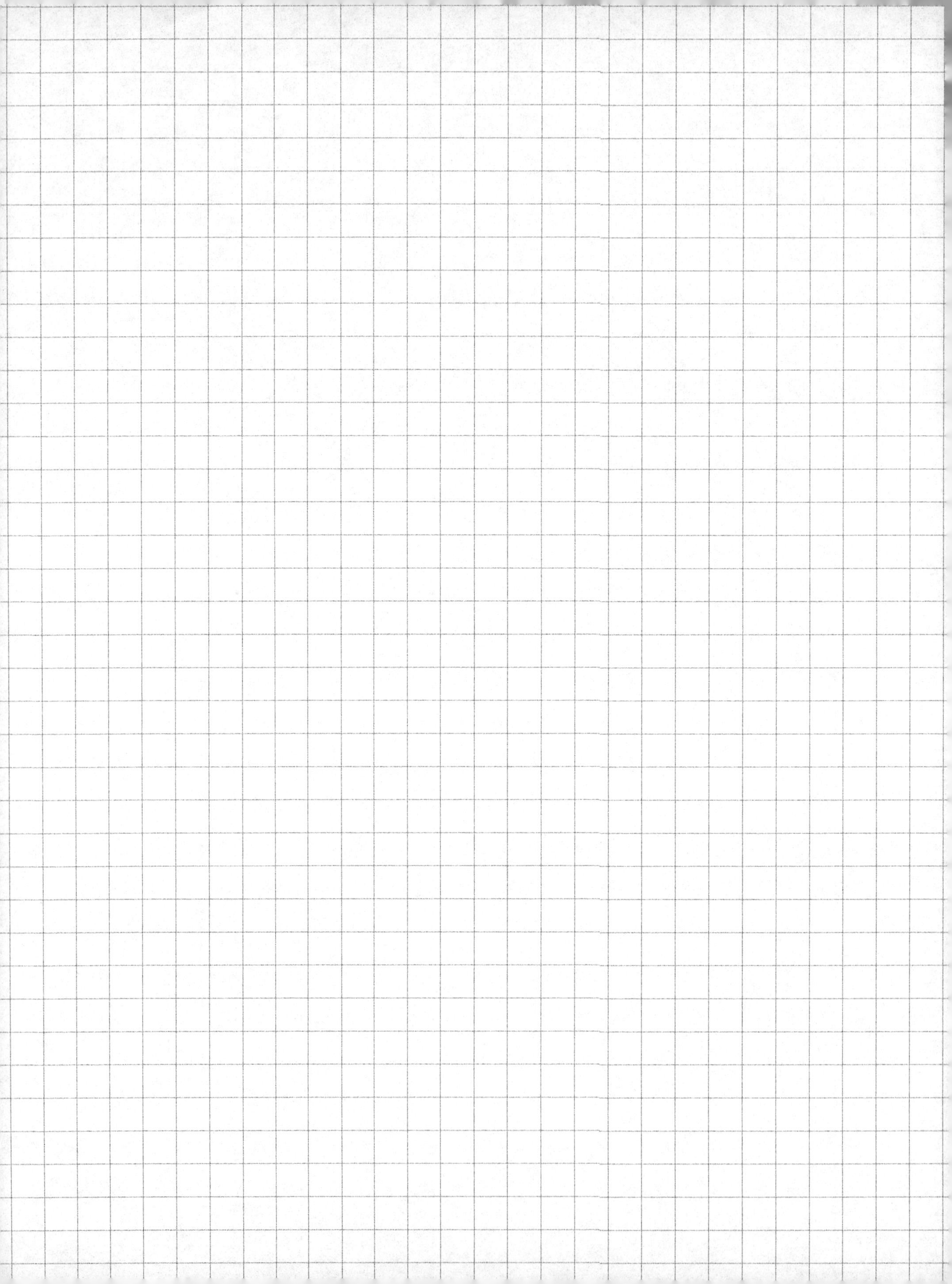

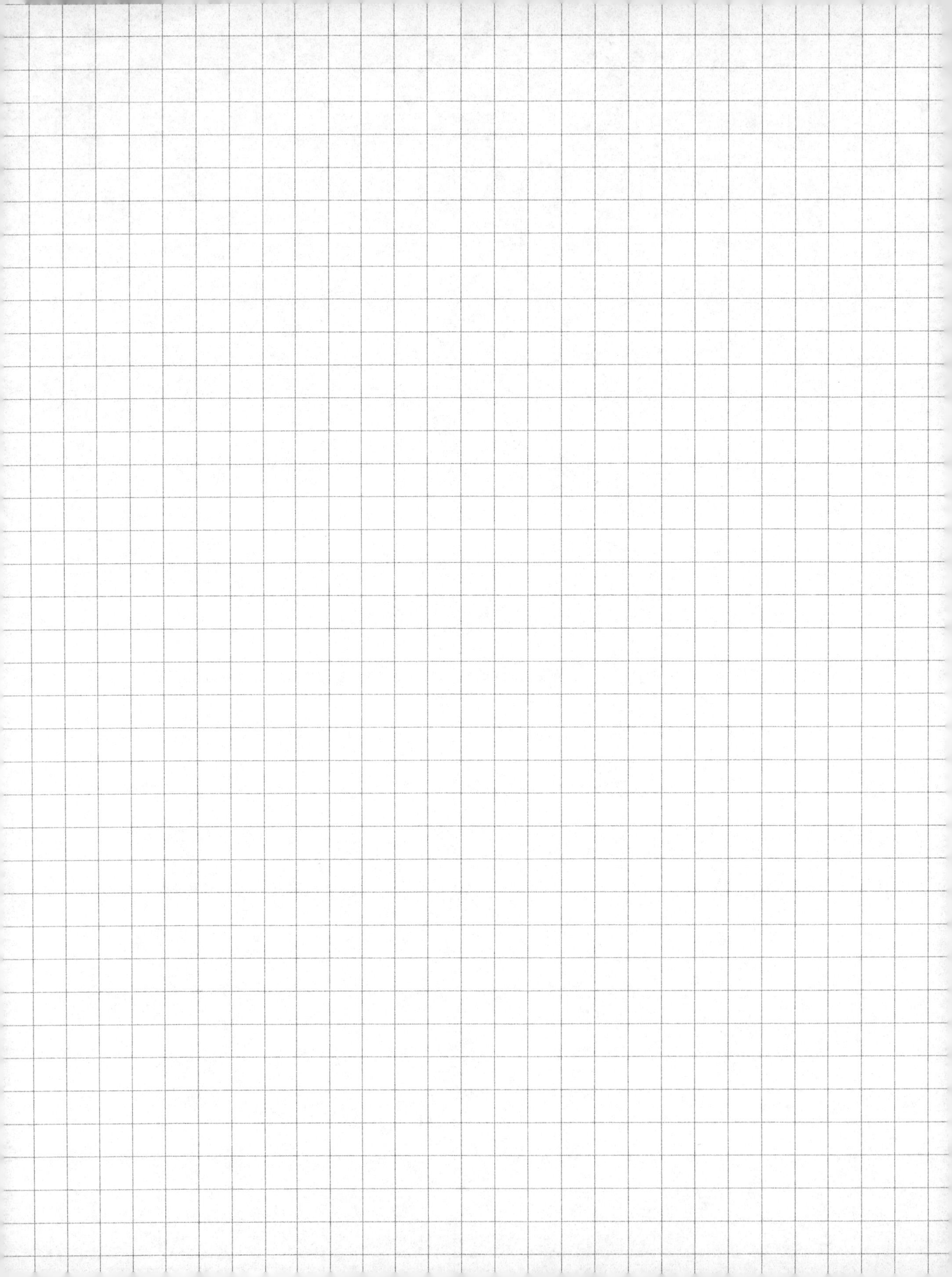

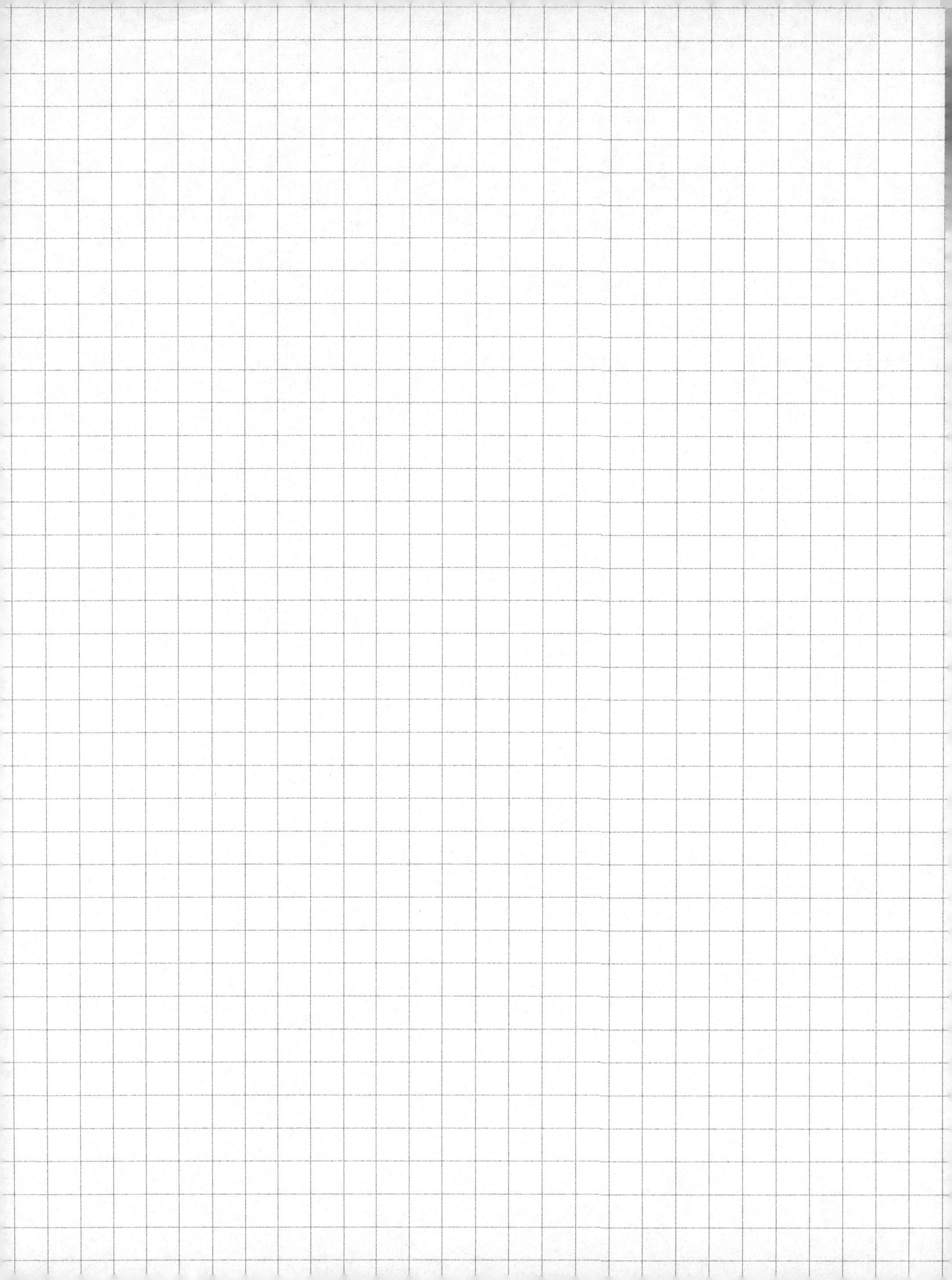

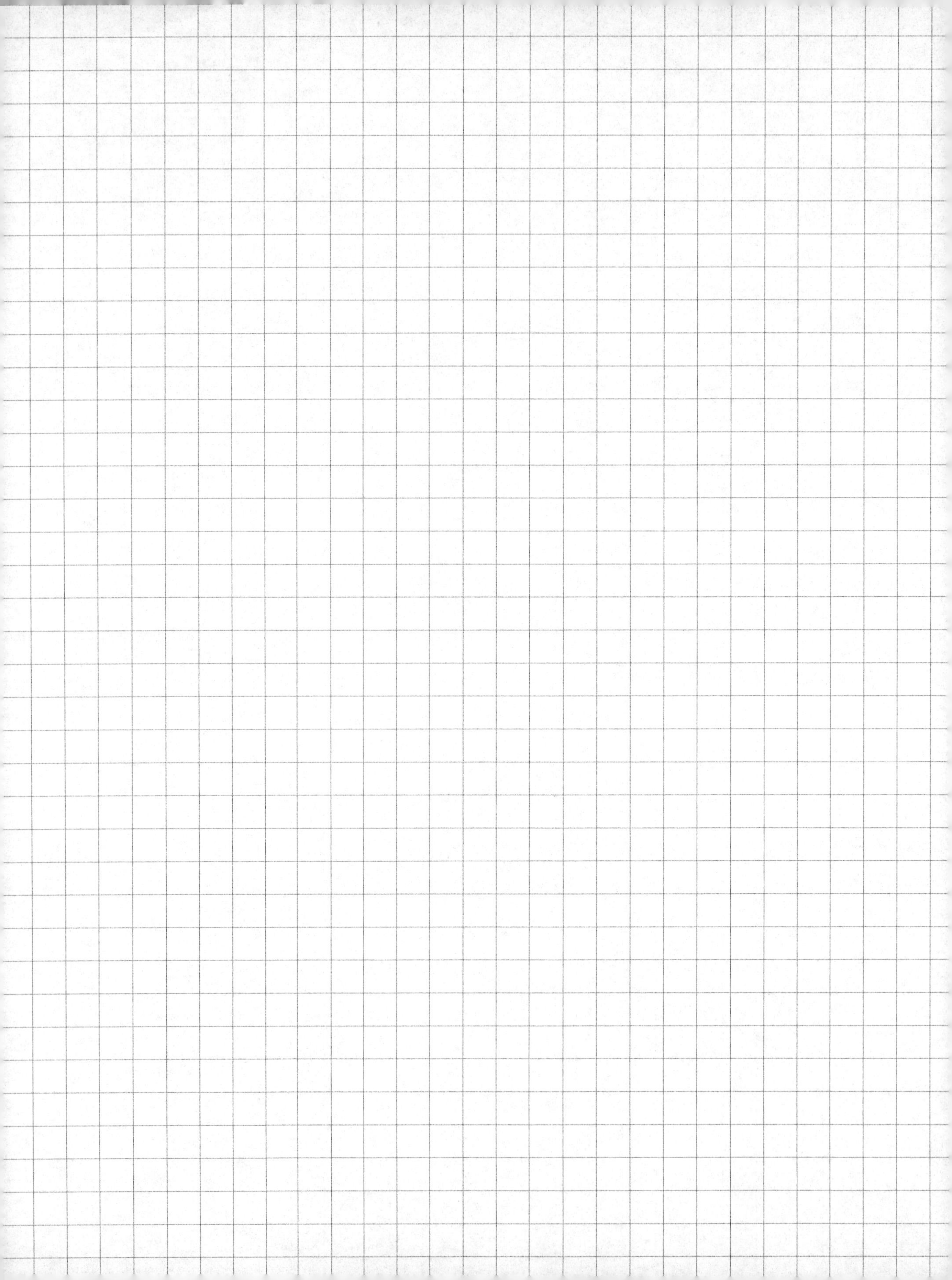

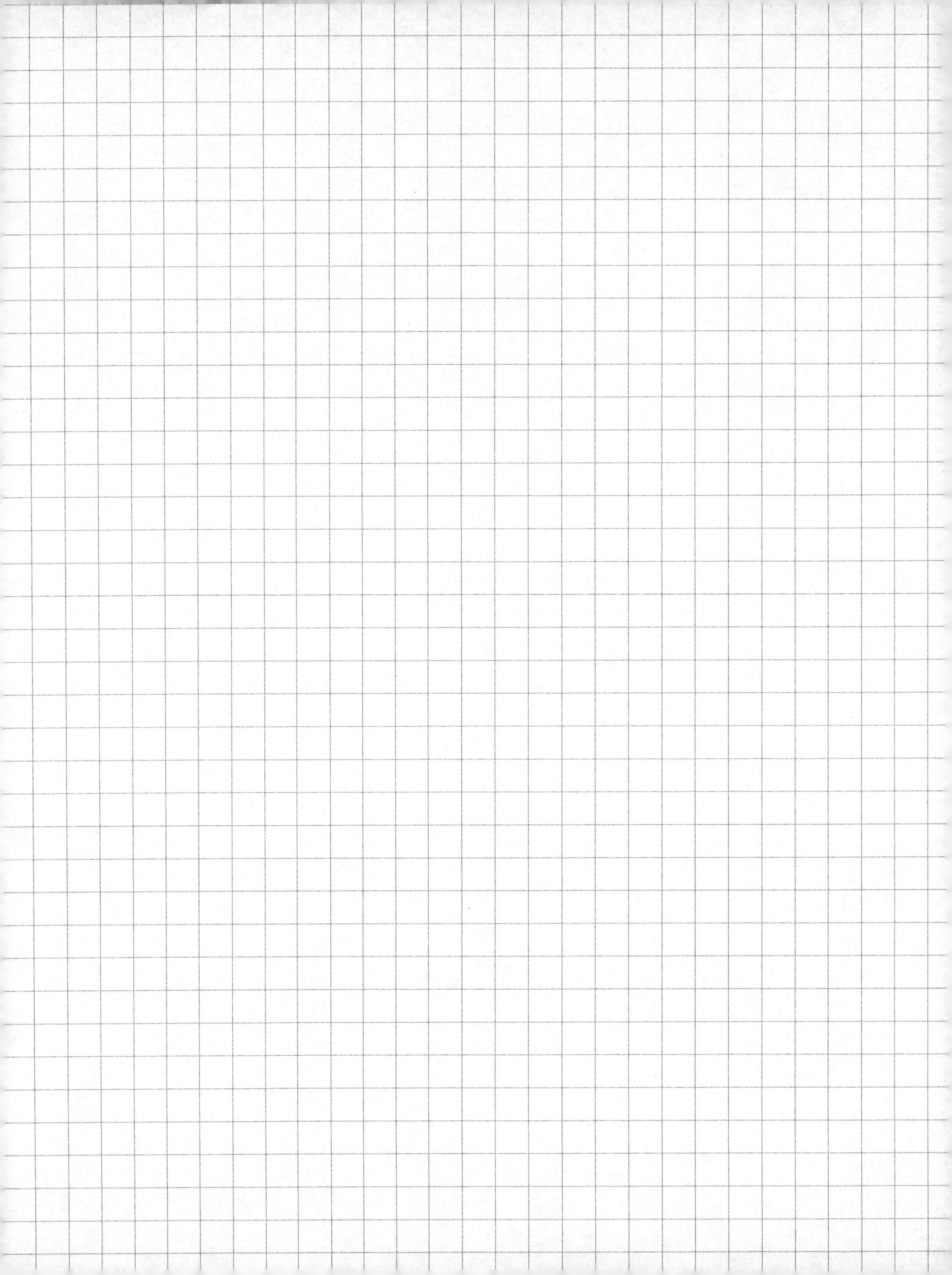

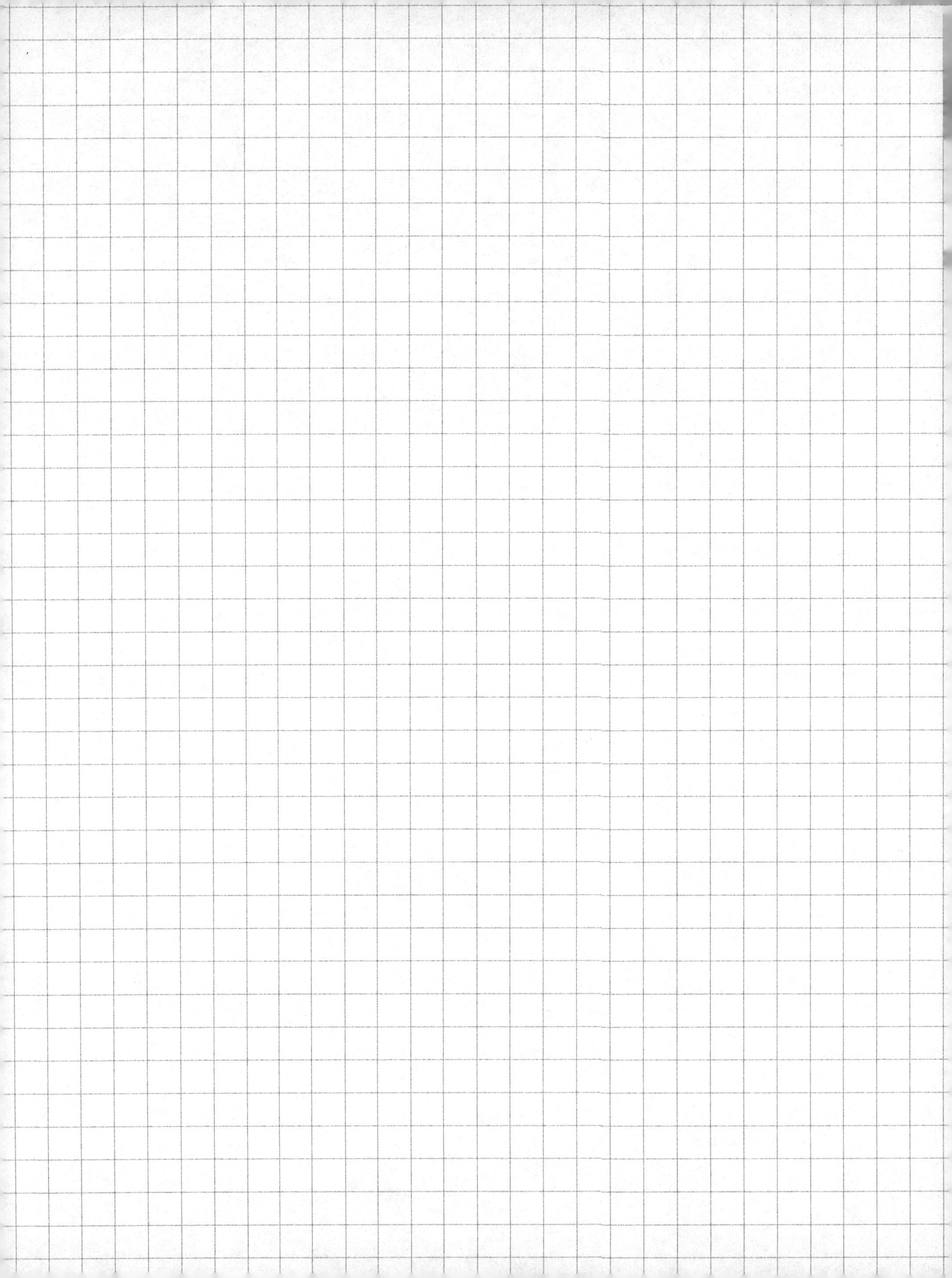

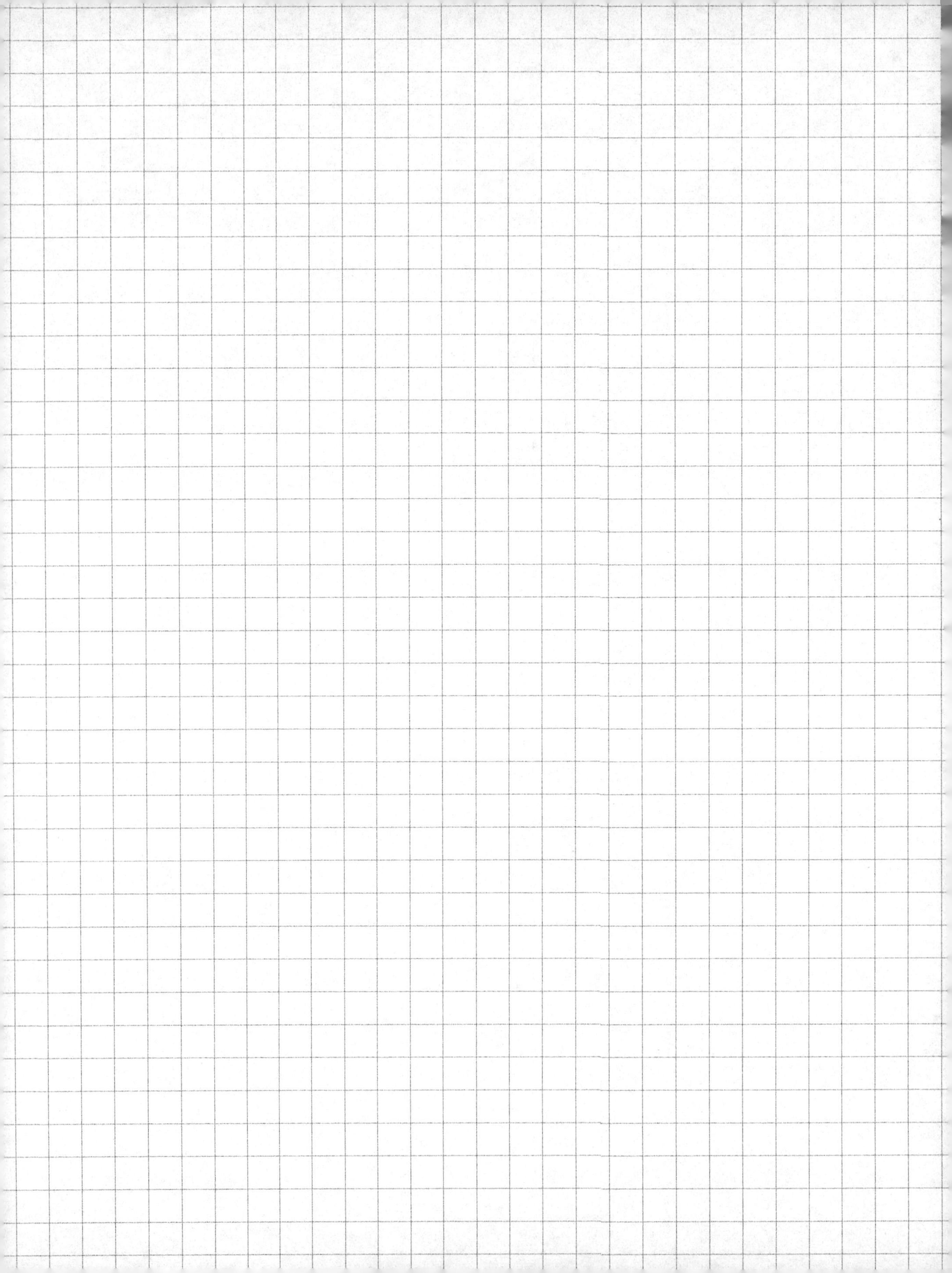

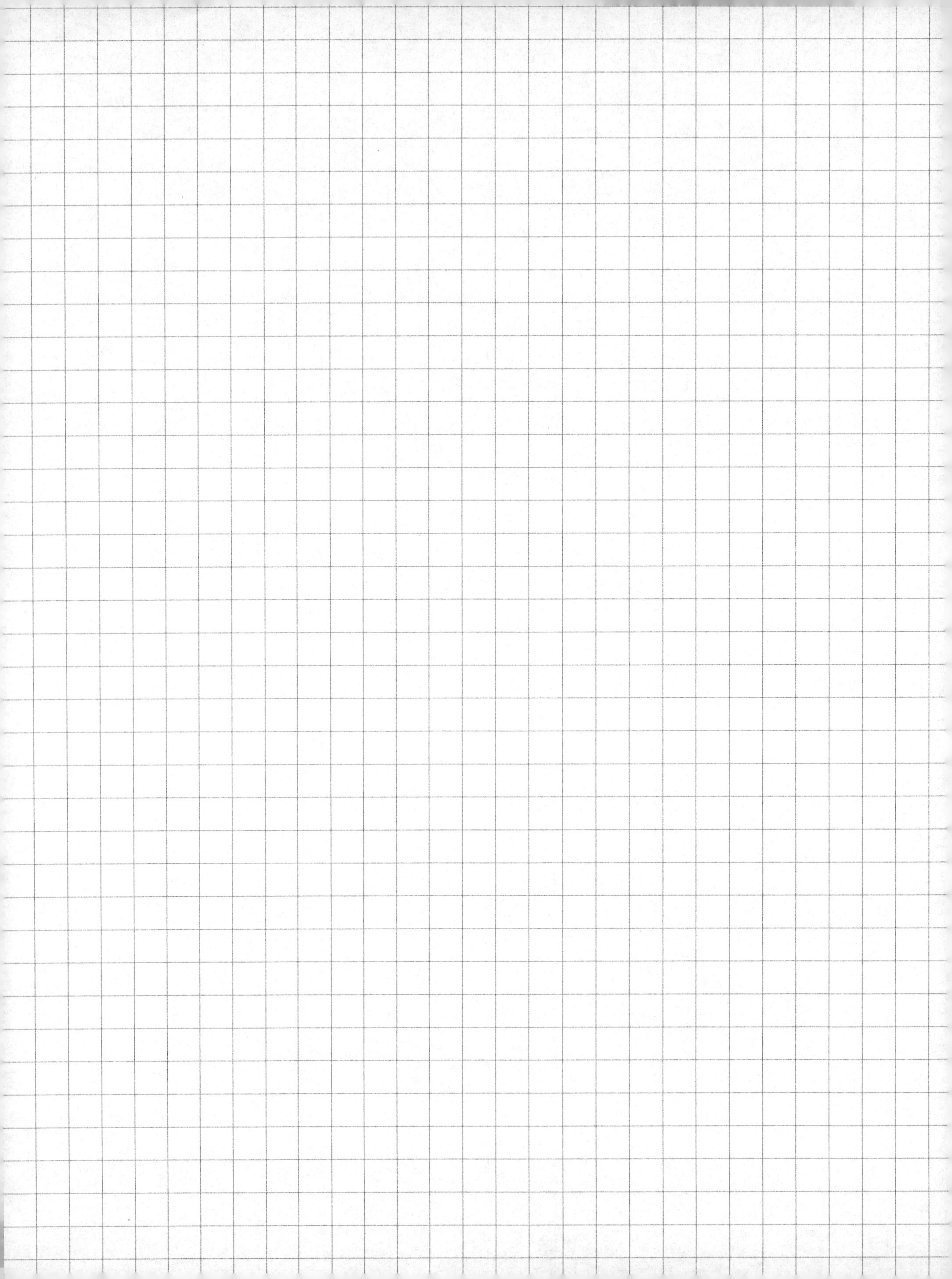

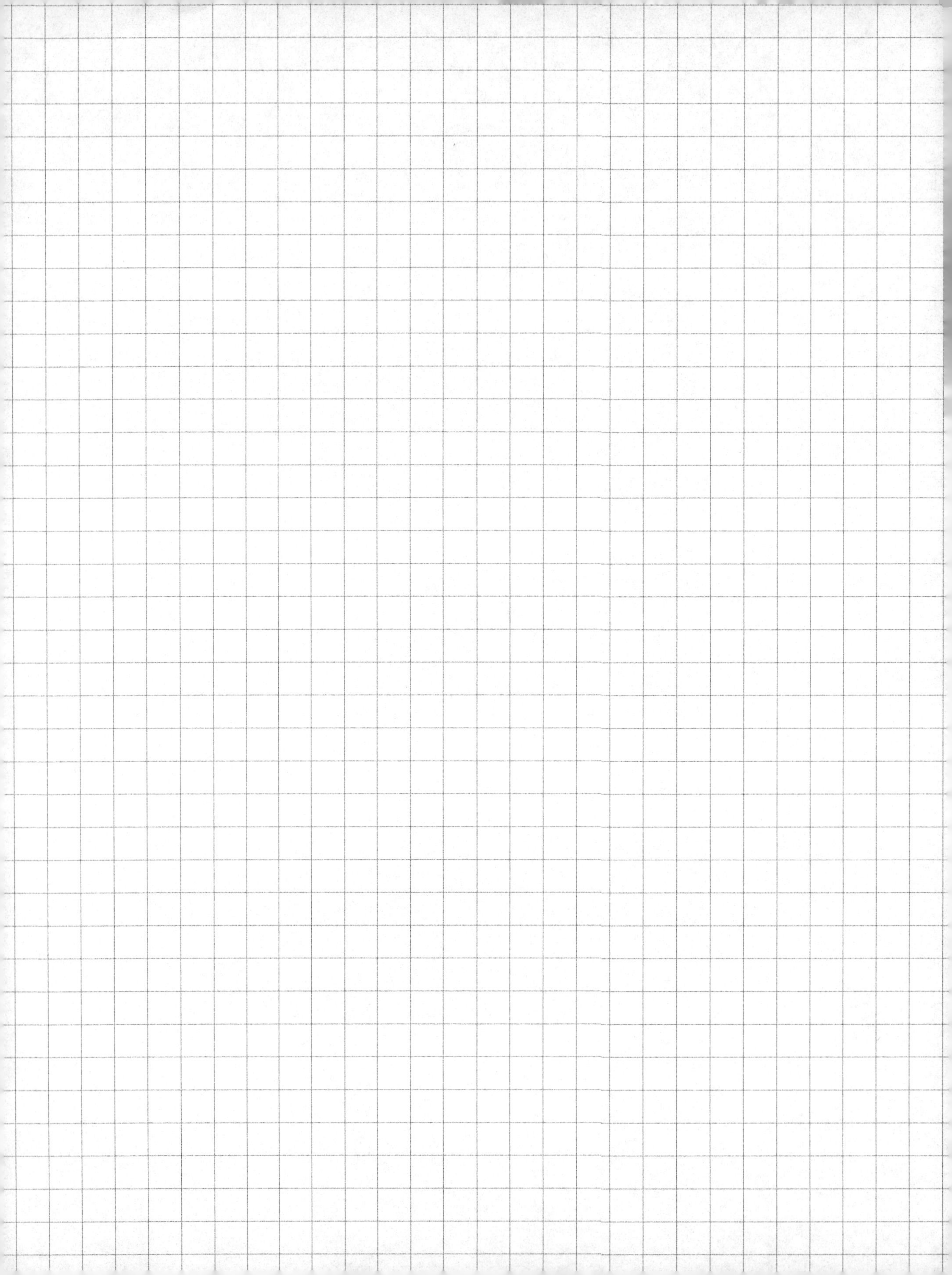

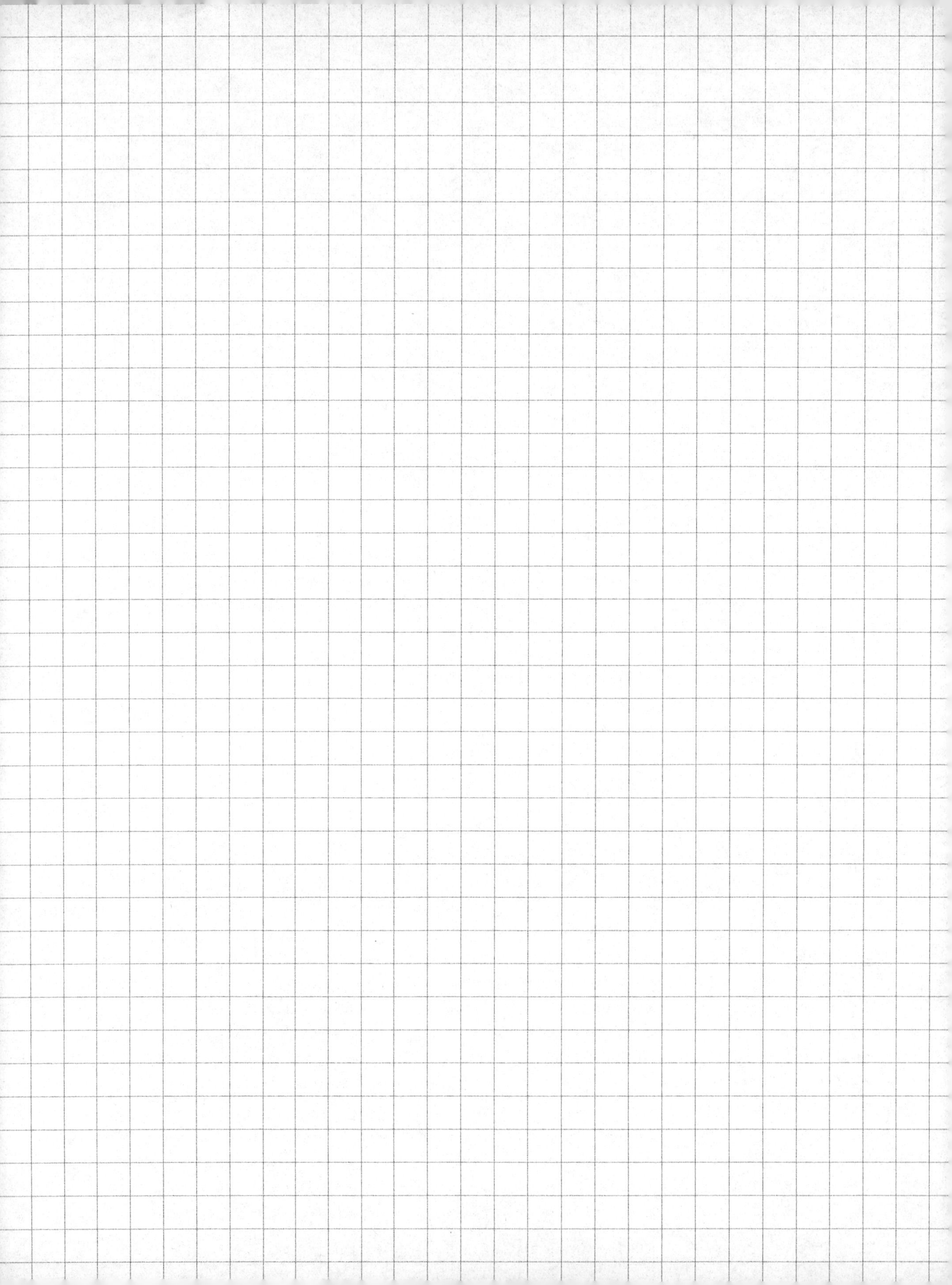

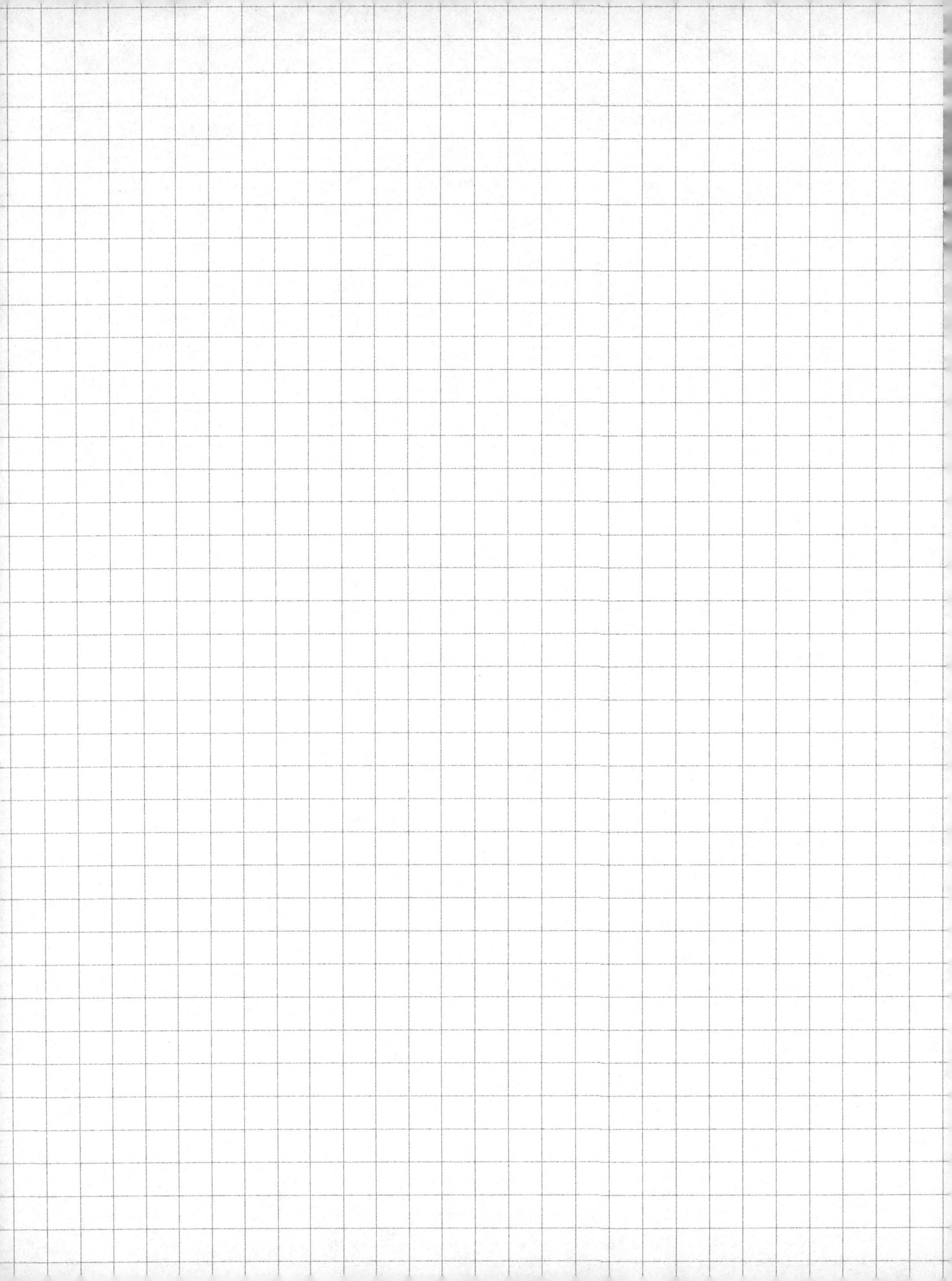

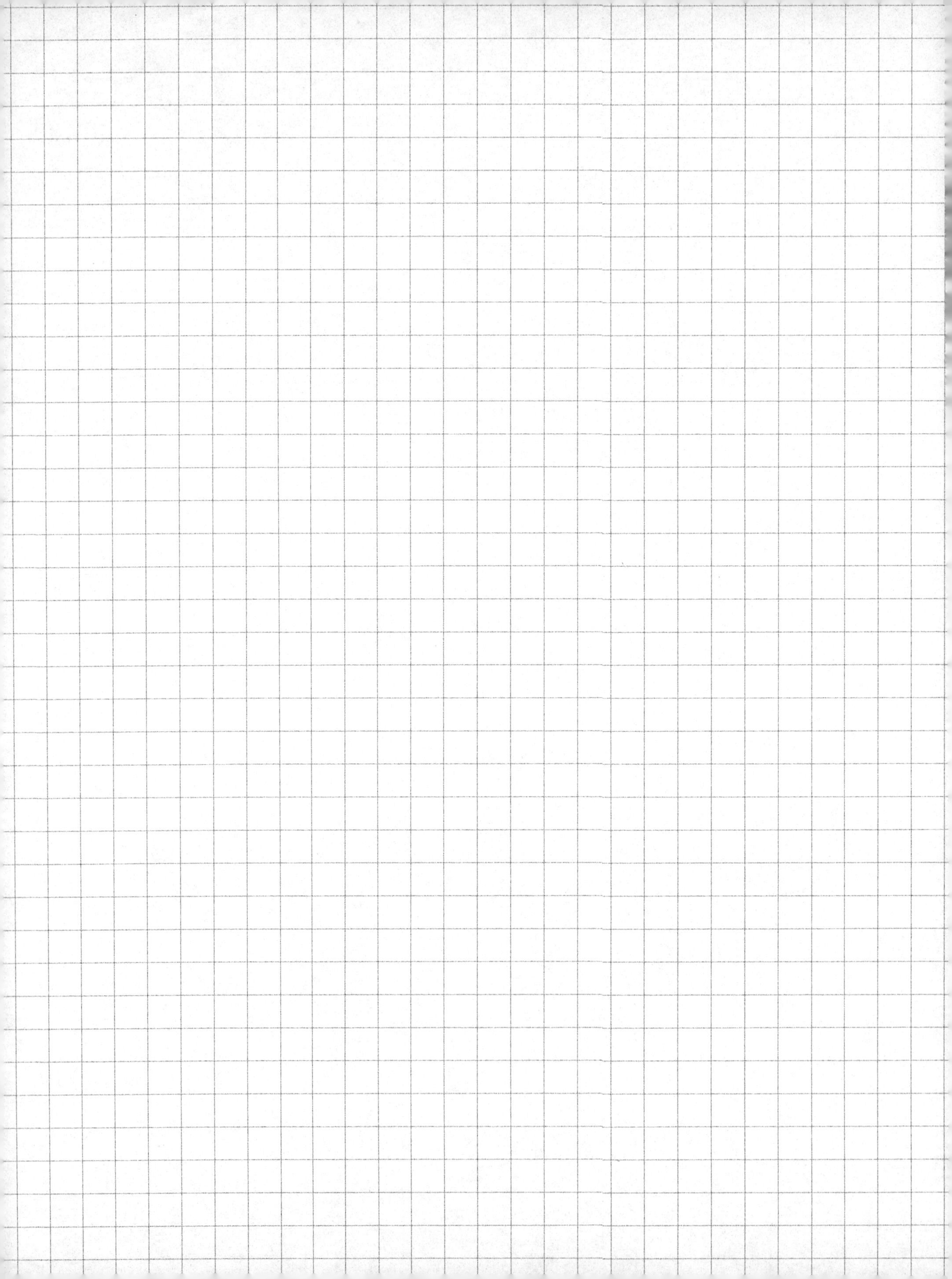

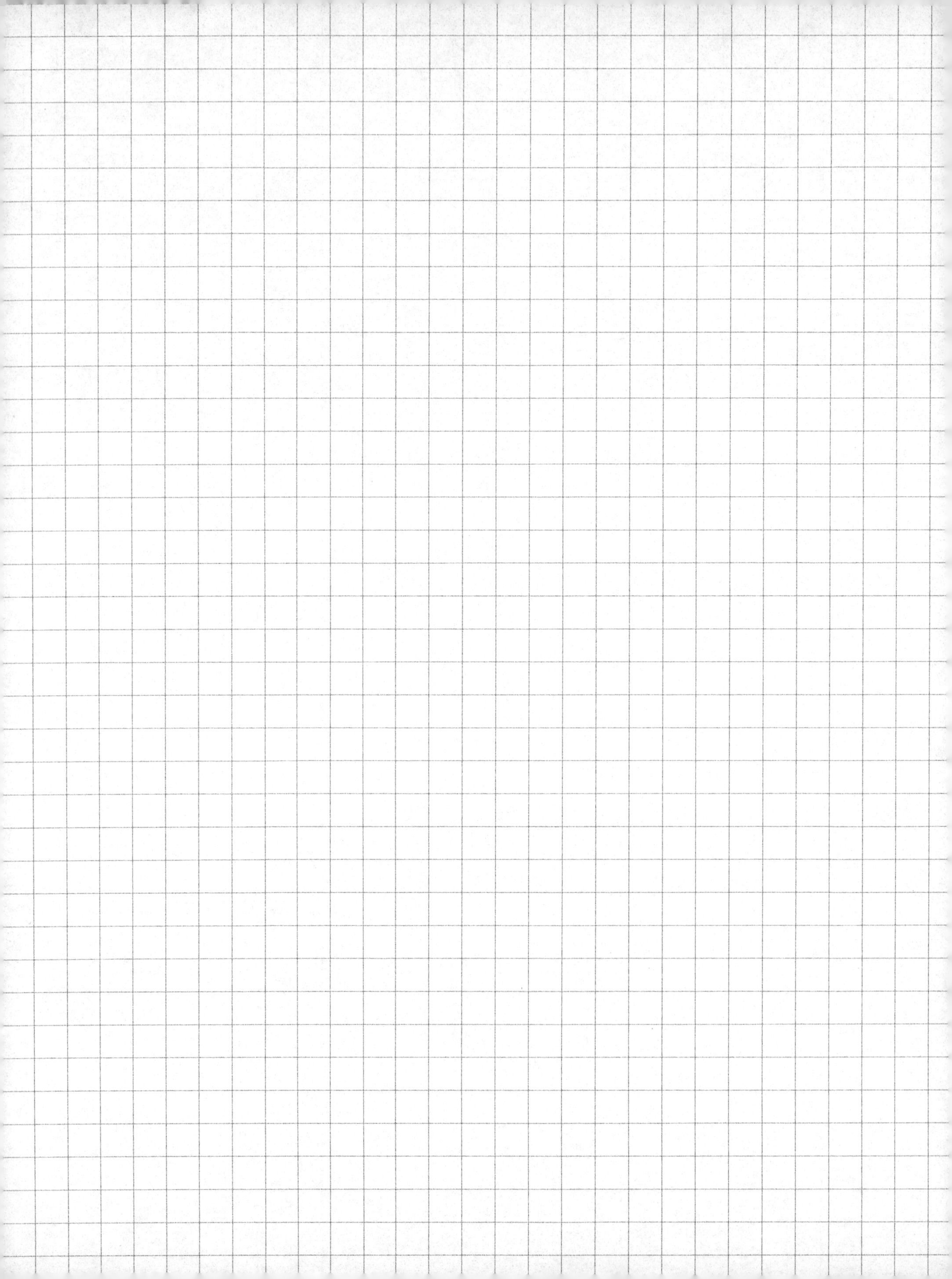

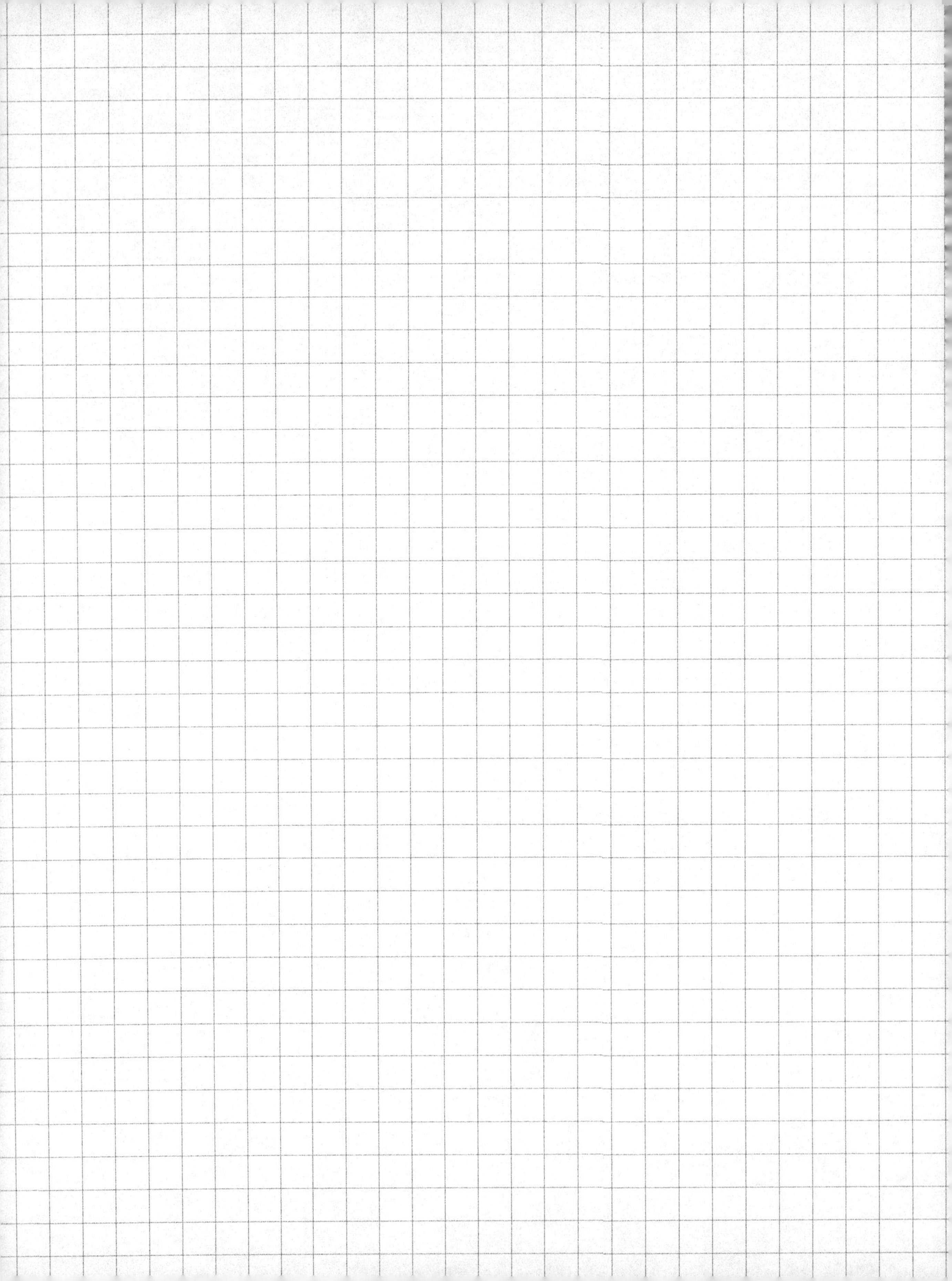

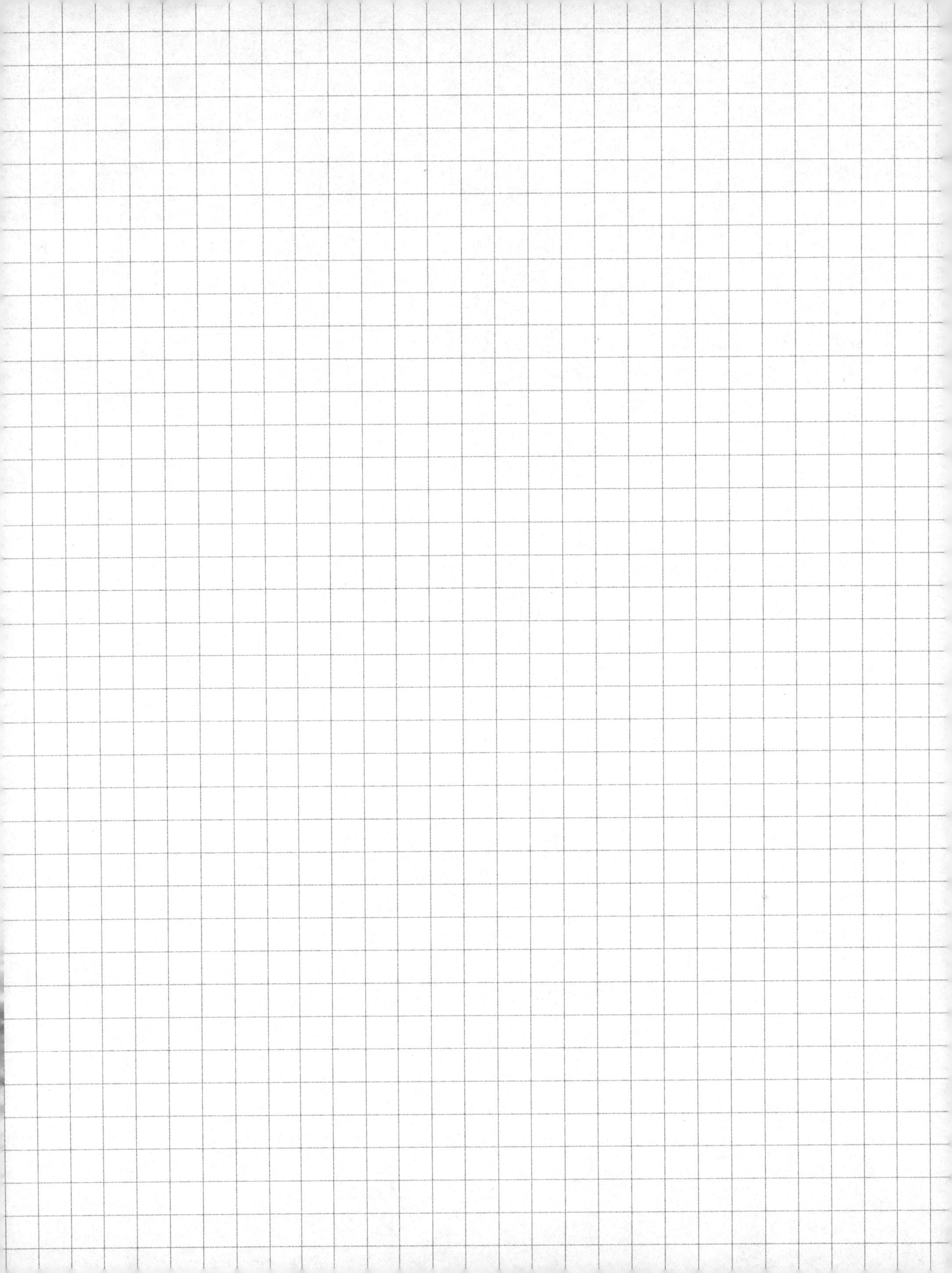